儿童趣味百科

英国数学真简单团队/编著　华云鹏　王盈成/译

DK儿童数学分级阅读 第一辑

乘法、除法和分数

数学真简单！

电子工业出版社·
Publishing House of Electronics Industry
北京·BEIJING

Original Title: Maths—No Problem! Multiplication, Division and Fractions, Ages 4–6 (Key Stage 1)
Copyright © Maths—No Problem!, 2022
A Penguin Random House Company

本书中文简体版专有出版权由Dorling Kindersley Limited授予电子工业出版社，未经许可，不得以任何方式复制或抄袭本书的任何部分。

版权贸易合同登记号　图字：01-2024-1980

图书在版编目（CIP）数据

DK儿童数学分级阅读. 第一辑. 乘法、除法和分数 / 英国数学真简单团队编著；华云鹏，王盈成译. --北京：电子工业出版社，2024.5
ISBN 978-7-121-47658-7

Ⅰ. ①D…　Ⅱ. ①英…　②华…　③王…　Ⅲ. ①数学—儿童读物　Ⅳ. ①O1-49

中国国家版本馆CIP数据核字（2024）第070421号

出版社感谢以下作者和顾问：Andy Psarianos, Judy Hornigold, Adam Gifford和Anne Hermanson博士。
已获Colophon Foundry的许可使用Castledown字体。

责任编辑：翟夏月
印　　刷：鸿博昊天科技有限公司
装　　订：鸿博昊天科技有限公司
出版发行：电子工业出版社
　　　　　北京市海淀区万寿路173信箱　　邮编：100036
开　　本：889×1194　1/16　印张：18　　字数：303千字
版　　次：2024年5月第1版
印　　次：2024年11月第2次印刷
定　　价：128.00元（全6册）

凡所购买电子工业出版社图书有缺损问题，请向购买书店调换。若书店售缺，请与本社发行部联系，联系及邮购电话：（010）88254888，88258888。
质量投诉请发邮件至zlts@phei.com.cn，盗版侵权举报请发邮件至dbqq@phei.com.cn。
本书咨询联系方式：（010）88254161转1821，zhaixy@phei.com.cn。

www.dk.com

目 录

鲁比　　艾略特　　阿米拉　　查尔斯　　露露　　萨姆　　奥克　　霍莉　　拉维　　艾玛　　雅各布　　汉娜

相等的数量

准 备

小蛋糕 和香蕉 的数量相等吗？

举 例

这里有3把香蕉 。

一组香蕉 叫作一把。

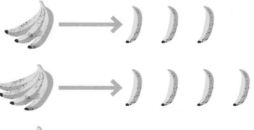

每一把香蕉 的数量都不一样，每组香蕉的数量不相等。

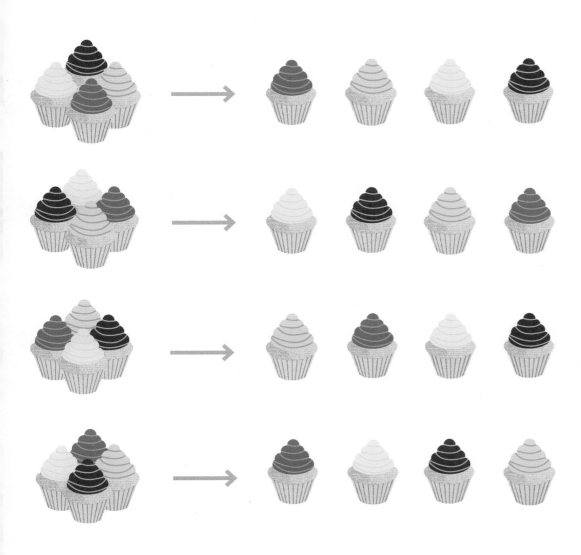

这里有4盒小蛋糕 🧁。

每一盒都有4个小蛋糕 🧁。每盒小蛋糕的数量相等。

每组香蕉 🍌 的数量不相等。

每组小蛋糕 🧁 的数量相等。

1 谁平均分配了每种物品？
在空格内打√。

(1)

(2)

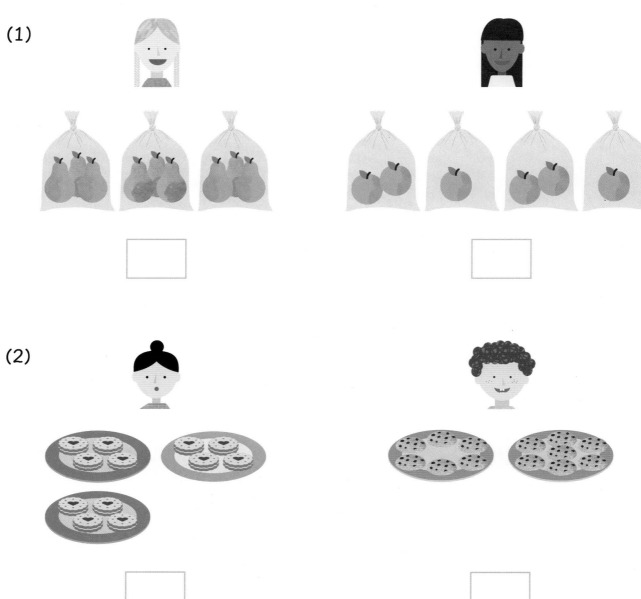

2 将答案填在空格内。

(1)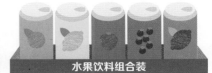

一共有 ☐ 组数量相等的水果饮料组合装。

每一组有 ☐ 罐饮料。

(2)

一共有 ☐ 组数量相等的果汁饮料。

每一组有 ☐ 罐饮料。

重复相加

准 备

一共有几辆车？每辆车上有几个小朋友？一共有几个小朋友呢？

举 例

一共有4辆车。

每辆车上有
2个小朋友。

8

每辆车上有2个小朋友。
一共有4组"2"。

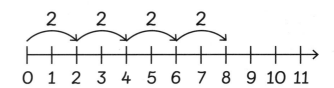

一共有8个小朋友。

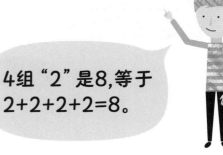

4组"2"是8,等于
2+2+2+2=8。

练 习

将答案填在空格内。

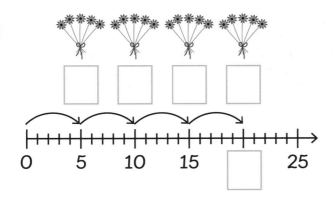

(1) 有 ☐ 组花朵。

(2) 每组有 ☐ 朵花。

(1) 有 ☐ 盒,每盒有 ☐ 支蜡笔。

(2) 总共有 ☐ 支蜡笔。

行

准 备

花园里有多少根胡萝卜？

举 例

我们可以用1个 🥕 来表示1根 🥕。

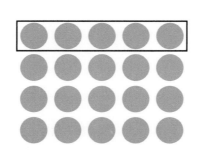

这叫作一行。
1行有5个 🔵。

一共有4行，每行有5个 🔵 。

1行5是5
2行5是10
3行5是15
4行5是20

5+5+5+5=20，一共有20根 。

10

将答案填在空格内。

1 3行2个

一共有 ☐ 行，每行2个 ⬬ 。

☐ 行2是 ☐

一共有 ☐ 个 ⬬ 。

2 3行3个 ⬤

一共有 ☐ 行，每行 ☐ ⬤ 。

☐ 行3是 ☐

一共有 ☐ 个 ⬤ 。

3

每行有 ☐ 个 ⬤ 。

一共有 ☐ 行。

☐ 行 ☐ 是 ☐

一共有 ☐ 个 ⬤ 。

4

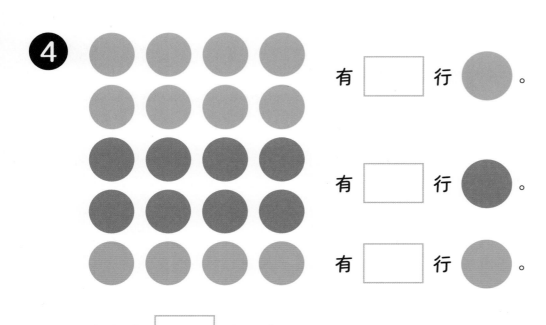

有 ☐ 行 ⬤ 。

有 ☐ 行 ⬤ 。

有 ☐ 行 ⬤ 。

每行有 ☐ 个圆点。

一共有 ☐ 行。

☐ 行 ☐ 是 ☐

一共有 ☐ 个圆点。

5

☐ 行 ☐ 是 ☐

6

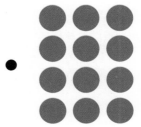

[   ] 行 [   ] 是 [   ]

7 填一填，连一连。

5 行 3 是 [   ] •

•

2 行 6 是 [   ] •

•

4 行 3 是 [   ] •

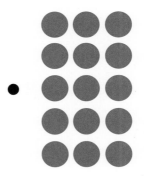

•

3 行 5 是 [   ] •

•

两倍

准 备

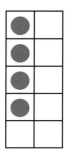 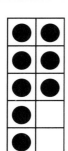 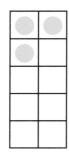

你知道这些圆点数量的两倍是多少吗？

举 例

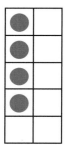 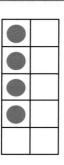

2个4是8

4的两倍的意思
是有2个4。

2个8等于
8+8=16。

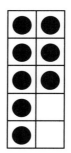 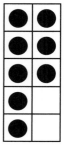

2个 8 是 16

2个3等于3+3=6。

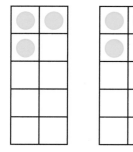

2个3是6

将答案填在空格内。

1

2个 ☐ 是 ☐   2个 ☐ 是 ☐

2个 ☐ 是 ☐   2个 ☐ 是 ☐

2个 ☐ 是 ☐   2个 ☐ 是 ☐

2个 ☐ 是 ☐   2个 ☐ 是 ☐

2个 ☐ 是 ☐   2个 ☐ 是 ☐

解决乘法问题

准备

农场商店新进了一批鸡蛋。

一共有多少颗鸡蛋？

举例

一共有4盘。

每一盘有6颗鸡蛋。

4个6是24。

农场商店一共进了24颗鸡蛋。

②

 小明给同学们买了一些橡皮。他一共买了多少个橡皮？

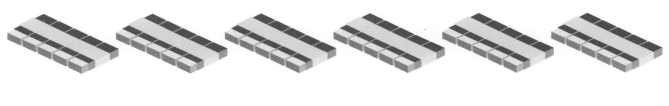

 一共有6盒橡皮 。

每一盒橡皮有5个 。

6个5是30
6盒橡皮，每盒5个，也就是有30个橡皮

 小明一共买了30个橡皮。

将答案填在空格内。

1 面包师带来了2盒小蛋糕，数一数他带来了多少个小蛋糕？

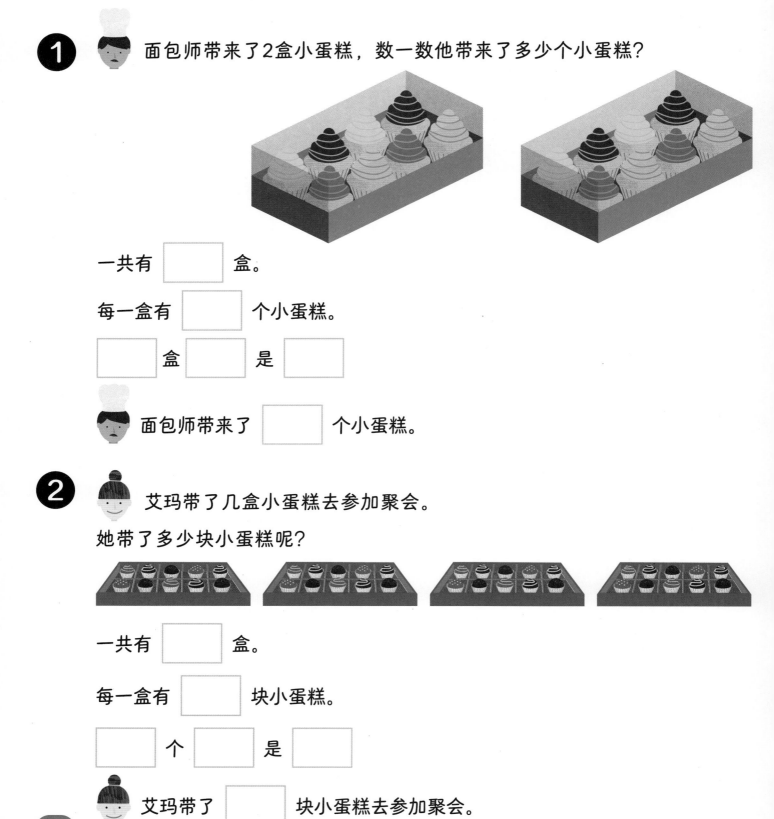

一共有 ☐ 盒。

每一盒有 ☐ 个小蛋糕。

☐ 盒 ☐ 是 ☐

面包师带来了 ☐ 个小蛋糕。

2 艾玛带了几盒小蛋糕去参加聚会。

她带了多少块小蛋糕呢？

一共有 ☐ 盒。

每一盒有 ☐ 块小蛋糕。

☐ 个 ☐ 是 ☐

艾玛带了 ☐ 块小蛋糕去参加聚会。

3 查尔斯 有1包足球小卡，每一包里有10张。
他又买了2包足球小卡。查尔斯现在有多少张足球小卡？

1包 + 2包 = ☐ 包

3个10是 ☐

查尔斯现在有 ☐ 张足球小卡。

4 雅各布有5盆西红柿，每一盆里有4个。汉娜有2盆西红柿，每一盆里有9个。
可以写一写、画一画，看看谁的西红柿比较多？

分组

准 备

每一盘早餐应该有两个煎蛋。

能做出几盘早餐？

举 例

1

一共有12颗鸡蛋。

每盘需要2颗鸡蛋。

能做出6盘早餐。

2

如果每盘早餐需要3颗煎蛋呢？
能做出几盘早餐呢？

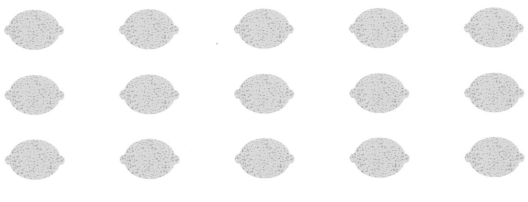

练 习

1 艾略特  需要把所有柠檬装进袋子里，每个袋子里必须有3个柠檬。

他需要准备几个袋子？

3个柠檬为一组，可以试着圈一圈。

（柠檬图：共15个）

需要准备 [   ] 个袋子。

❷ 这里有20个草莓。

（1）2个草莓为一组，一共
有 ☐ 组草莓。

（2）4个草莓为一组，一共
有 ☐ 组草莓。

（3）5个草莓为一组，一共
有 ☐ 组草莓。

(4) 10个草莓为一组，一共

有 ⬚ 组草莓。

③ 这里一共有12个计数器。

你能把12个计数器分成几个数量相等的组？

可以在下方空白处写一写，画一画。

均分

准 备

桌子上有8个弹力球，小朋友们想要均分。

他们每个人应该分到几个弹力球？

举 例

均分的意思是每个人得到
相同数量的弹力球。

先分给每个人
1个球。

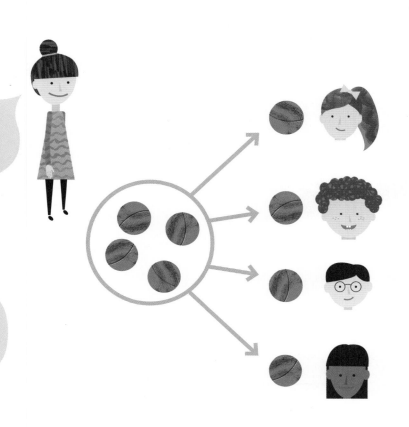

再分剩下的球。

所有的球都分出去了。

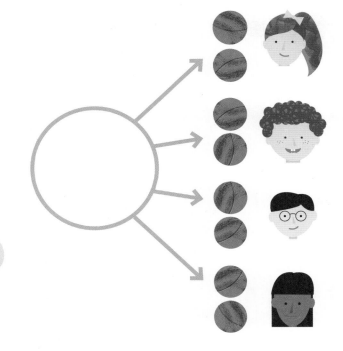

4个小朋友，8个弹力球。
每个小朋友能分到2个弹力球。

练 习

1 将答案填在空格内

  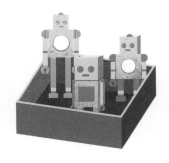 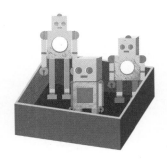

一共有 ☐ 个玩具机器人。

共有 ☐ 箱。

每一箱有 ☐ 个玩具机器人。

2 圈一圈，把甜甜圈分成3个数量相等的组。

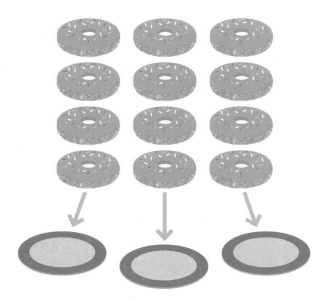

每一组有 ☐ 个甜甜圈。

3 圈一圈，让每个盘子里苹果的数量相等。

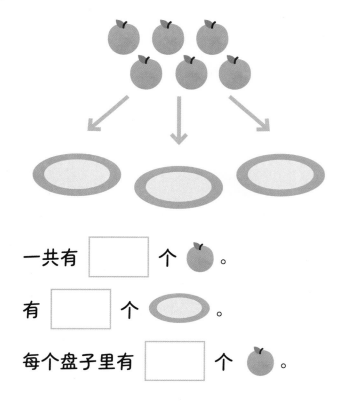

一共有 ☐ 个 🍎 。

有 ☐ 个 ⬭ 。

每个盘子里有 ☐ 个 🍎 。

4 雅各布有15个芒果，他把芒果平均放在5个盒子里。

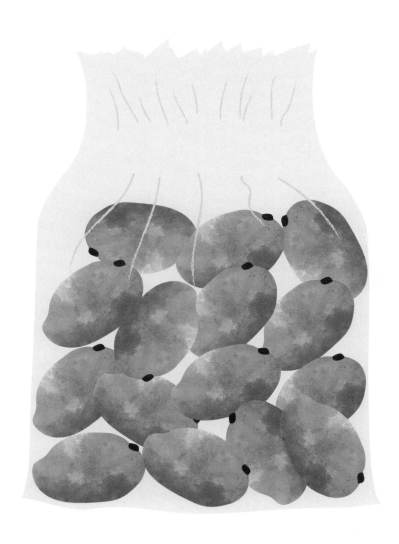

每个盒子里有 ☐ 个芒果。

解决除法问题

准 备

老师让16个小朋友每2人一组玩游戏。

所有小朋友能分成几组？

举 例

一共有16个小朋友，每组有2个小朋友。

可以分为8组。

玩完游戏后，老师让小朋友们分成2个人数相等的小组。

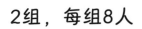
16个小朋友分成人数相等的2个小组，和2人一组的分法是不同的。

8组，每组2人

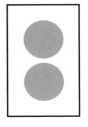 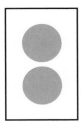  

 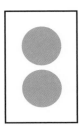 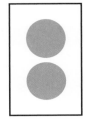 

16

2组，每组8人

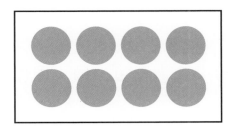

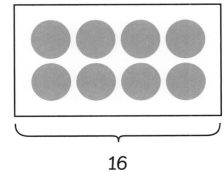

16

每个 ⬤ 表示1个小朋友。

练习

 (1) 圈一圈，分成数量相等的2组。

(2) 2个为一组，圈一圈。

2　(1) 圈一圈，分成数量相等的5组。　　(2) 圈一圈，分成数量相等的3组。

(3) 3个为一组，圈一圈你的答案。　　(4) 5个为一组，圈一圈你的答案。

3　把苹果平均分到3个袋子里，每个袋子里有几个苹果？

每个袋子里有 ☐ 个苹果。

4 每个盘子上放2个梨，需要几个盘子？

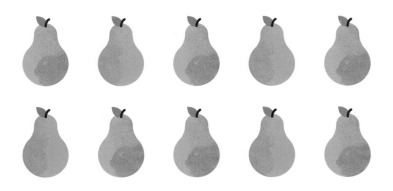

需要 [ ] 个盘子。

5 每个花瓶里花需要数量相等。
每个花瓶里应该有几朵花？

总共有 [ ] 朵花。

有 [ ] 个花瓶。

每个花瓶里应该有 [ ] 朵花。

均分图形

准 备

阿米拉和汉娜想把比萨平均分成两半。

他们应该怎样切比萨?

举 例

这是一整个比萨。我们可以从中线把它切成大小相等的两块。

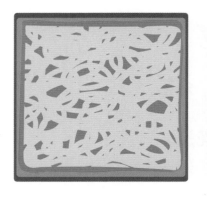
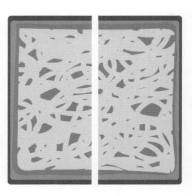

我们还可以这样切比萨，也是一样大的。

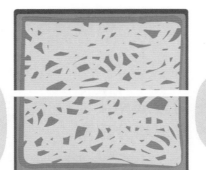

每块都是比萨的一半。

2个半块组成1个整体。

我们也可以这样切比萨。这两块也是一样大的。

这个也叫1个半块吗？

这样切大小不一样，不叫作均分。

1 画一条线，把图形平均分成两半。
试一试用多种不同的方法均分图形。

(1)

(2)

2 画一条线，把以下图形平均分成两半。

(1)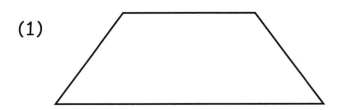

(2)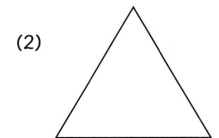

(3)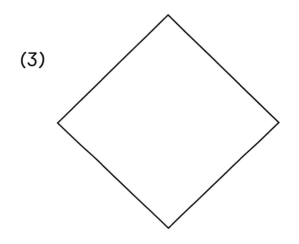

(4)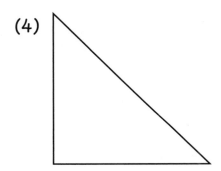

(5)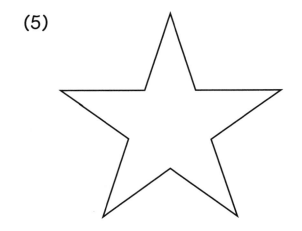

(6)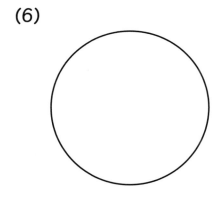

平均分成四份

准 备

汉娜 想要在花园里种4种果树。

怎样平均分配花园里的土地呢？

举 例

把一个整体分成4个相同大小的部分，每一部分叫作四分之一。

4个四分之一组成一个整体。

可以这样分割花园的土地。

四分之一也可以写作 $\frac{1}{4}$。

每一个区域有4棵果树。16的四分之一是4。

四分之一　四分之一

四分之一　四分之一

36

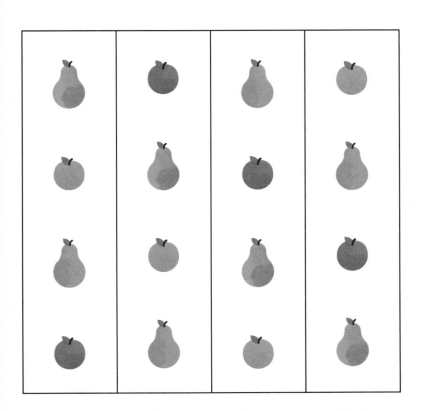

四分之一　　四分之一　　四分之一　　四分之一

我们也可以这样分割花园，这样也是四分之一。

每一个区域内也是4棵果树。

练习

1 将图形的四分之一填上颜色。

(1)
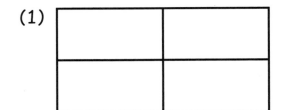

(2)
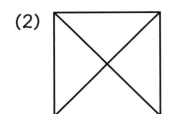

(3)
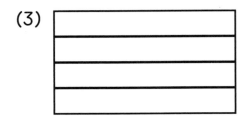

(4)
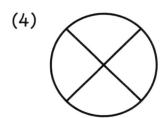

2 哪个阴影是图形均分的四分之一？正确的在方格内打√。

(1)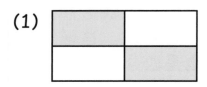

(2)

(3)

(4)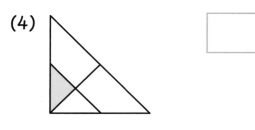

(5)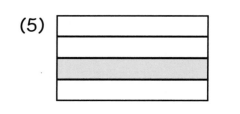

(6)

3 圈出所有饼干的四分之一。

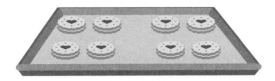

8块饼干的四分之一是 ☐ 块饼干。

4 圈出所有小蛋糕的四分之一。

16块小蛋糕的四分之一是 ☐ 块。

5 圈出所有甜甜圈的四分之一。

☐ 个甜甜圈的四分之一是 ☐ 个甜甜圈。

回顾与挑战

1 哪一组数量相等？正确答案请在方格内打√。

(1) 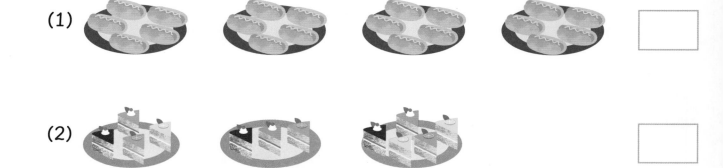 ☐

(2) ☐

2 将正确答案填在空格内。

有 ☐ 组数量相等的奖牌。

每一组有 ☐ 个奖牌。

3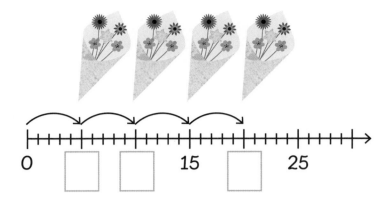

```
0      □    □    15    □    25
```

有 □ 束花。

每一束有 □ 朵花。

4 每一行有 □ 个圆点。

有 □ 行。

□ 行 □ = □

有 □ 个圆点。

5 每一行有 ☐ 个圆点。

有 ☐ 行。

☐ 行 ☐ 是 ☐

有 ☐ 个圆点。

6 (1)

2个 ☐ 是 ☐

(2)

2个 ☐ 是 ☐

7 鲁比有3盆花，每一盆里有5朵花。
萨姆有6盆花，每一盆里有2朵花。
谁的花多？写一写，画一画，比一比。

8 (1) 2个为一组，圈一圈。

2个为一组，共有 ☐ 组饮料。

(2) 10个为一组，圈一圈。

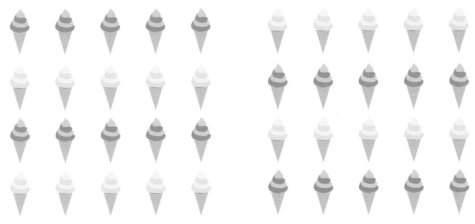

10个为一组，共有 ☐ 组冰激凌。

9 把梨平均放到下面的空盘子上。

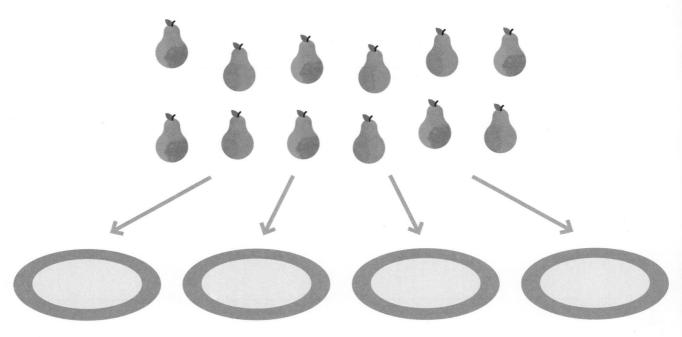

每个盘子上应该有 ☐ 个梨。

10 共有3个盘子，每个盘子上梨 🍐 的数量应该相等。

每个盘子上应该有几个梨 🍐 ？

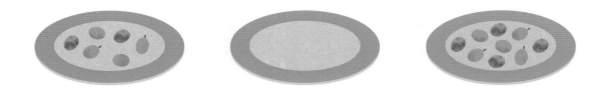

每个盘子上应该有 ☐ 个 🍐 。

11 画一条线，把图形平均分成两半。
试试用至少3种不同的方法。

12 画一条线，把图形平均分成四半。
试试用至少3种不同的方法。

13 袋子里有10块饼干。
为了举行派对，需要把一半饼干取出放在盘子上。
盘子上应该有几块饼干？

盘子上应该有 ☐ 块饼干。

参考答案

第 6 页　1 (1) 汉娜。(2) 鲁比。

第 7 页　2 (1) 一共有6组数量相等的水果饮料组合装。每一组有5罐饮料。(2) 一共有3组数量相等的果汁饮料。每一组有4罐饮料。

第 9 页　1 5，5，5，5，20。(1) 4组。(2) 5朵花。2 (1) 5，10。(2) 50。

第 11 页　1 3，3行2是6。一共有6个芒果。
2 3行，3个。3行3是9。一共有9个计数器。
3 有10个纽扣。一共有4行。4行10是40。一共有40个纽扣。

第 12 页　4 有2行橙色的圆点。有2行蓝色的圆点。有1行粉色的圆点。每行有4个圆点。一共有5行。
5行4是20。一共有20个圆点。
5 6行5是30。

第 13 页　6 5行6是30。
7

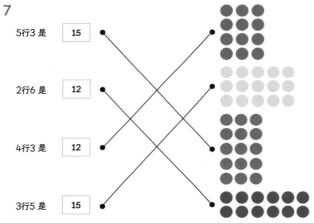

第 15 页　1 2个1是2，2个2是4，2个3是6，2个4是8，2个5是10，2个6是12、2个7是14，2个8是16，2个9是18，2个10是20。

第 18 页　1 一共有2盒。每一盒有8个小蛋糕。2个8是16。面包师带来了16个小蛋糕。
2 一共有4盒。每一盒有10块小蛋糕。4个10是40。艾玛带了40块小蛋糕去参加聚会。

第 19 页　3 3包，3个10是30，查尔斯有30张足球小卡。
4 雅各布有20个西红柿，汉娜有18个西红柿，雅各布的西红柿比较多。

第 21 页　1 艾略特需要5个袋子。

第 22 页　2 (1) 10。(2) 5。(3) 4。

第 23 页　(4) 2。3 有4种方法：每组分别有2、3、4和6个。

第 25 页　1 一共有12个玩具机器人。共有4箱。每一箱有3个玩具机器人。

第 26 页　2 每一组有4个甜甜圈。
　　　　　3 一共有6个苹果。有3个盘子。每个盘子里有2个苹果。

第 27 页　4 每个盒子里有3个芒果。

第 29 页

第 30 页

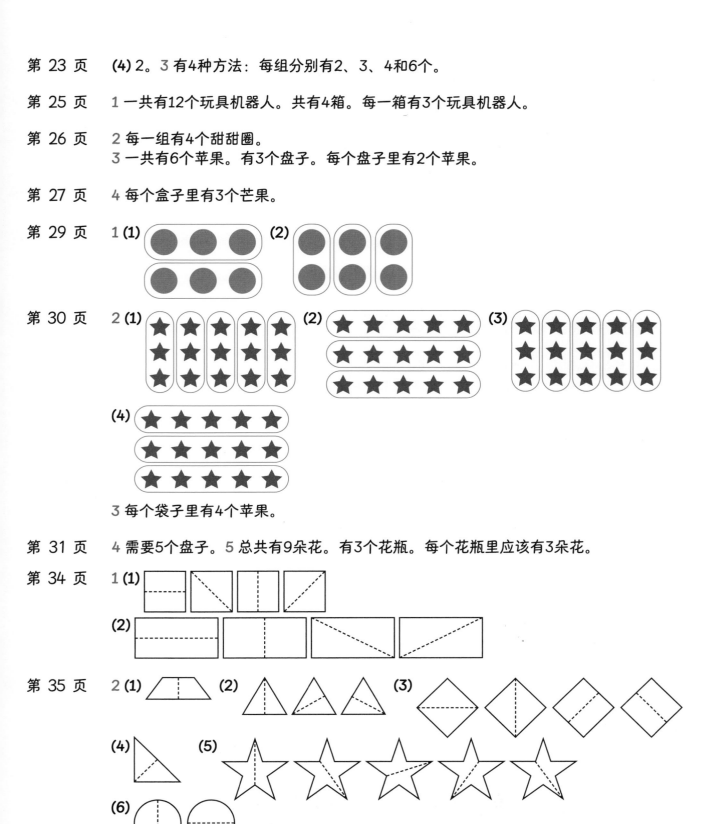

3 每个袋子里有4个苹果。

第 31 页　4 需要5个盘子。5 总共有9朵花。有3个花瓶。每个花瓶里应该有3朵花。

第 34 页

第 35 页

均分圆形的线段有多种方式。

第 37 页 　1 为图形的四分之一填上颜色，例：

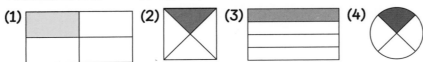

(1) 　　(2) 　　(3) 　　(4)

第 38 页 　2 (2)，(3)，(5)，(6)。

第 39 页 　3 2块饼干。4 4块小蛋糕。5 12个甜甜圈的四分之一是3个甜甜圈。

第 40 页 　1 (1) √ 。2 有5组数量相等的奖牌。每一组有5个奖牌。

第 41 页 　3 5，10，20。有4束花。每一束有5朵花。
　　　　　4 每一行有3个圆点。有5行。5行3是15。有15个圆点。

第 42 页 　5 每一行有5个圆点。有3行。3行5是15。有15个圆点。
　　　　　6 (1) 2个4是8。(2) 2个10是20。

第 43 页 　7 鲁比有15朵花，萨姆有12朵花，鲁比的花多。
　　　　　8 (1) 2个为一组，共有5组饮料。(2) 10个为一组，共有4组冰激凌。

第 44 页 　9 每个盘子上应该有3个梨。
　　　　　10 每个盘子里应该有5个梨。

第 45 页 　11

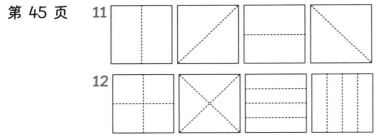

　　　　　12

13 盘子上应该有5块饼干。